画法几何与土木工程制图习题集

主 编 潘炳玉 李文霞

北京理工大学出版社
BEIJING INSTITUTE OF TECHNOLOGY PRESS

内 容 提 要

本习题集与潘炳玉主编的《画法几何与土木工程制图》教材配套使用。本习题集主要内容包括绪论，画法几何，制图基础，土木工程专业图，土木工程计算机制图。

本习题集按照现行国家及行业制图规范的要求编写，可作为高等院校土木工程类相关专业教材，也可作为有关工程技术人员参考用书。

版权专有　侵权必究

图书在版编目(CIP)数据

画法几何与土木工程制图习题集/潘炳玉，李文霞主编．—北京：北京理工大学出版社，2016.8（2018.9重印）
ISBN 978-7-5682-2828-2

Ⅰ.①画…　Ⅱ.①潘…　②李…　Ⅲ.①画法几何-高等学校-习题集　②土木工程-建筑制图-高等学校-习题集　Ⅳ.①TU204.2-44

中国版本图书馆CIP数据核字(2016)第191486号

出版发行 / 北京理工大学出版社有限责任公司	
社　　址 / 北京市海淀区中关村南大街5号	
邮　　编 / 100081	
电　　话 / (010)68914775(总编室)	
(010)82562903(教材售后服务热线)	
(010)68948351(其他图书服务热线)	
网　　址 / http://www.bitpress.com.cn	
经　　销 / 全国各地新华书店	
印　　刷 / 北京紫瑞利印刷有限公司	
开　　本 / 787毫米×1092毫米　1/16	
印　　张 / 8	责任编辑 / 陆世立
字　　数 / 103千字	文案编辑 / 陆世立
版　　次 / 2016年8月第1版　2018年9月第2次印刷	责任校对 / 周瑞红
定　　价 / 24.00元	责任印制 / 边心超

图书出现印装质量问题，请拨打售后服务热线，本社负责调换

前 言

为配合《画法几何与土木工程制图》教材的出版，进一步加强学生对制图知识的掌握和运用，加强实际训练，提高动手能力以及理论与实践相结合的能力，配套出版了《画法几何与土木工程制图习题集》。

本习题集由潘炳玉、李文霞担任主编。在本书编写组的大力支持下顺利完成，具体编写分工如下：绪论和制图基础部分由河南工程学院潘炳玉编写；计算机绘图部分由河南工程学院袁敏编写；画法几何中2.1-2.4部分由黄河科技学院胡晓娜编写，2.5-2.8部分由黄河科技学院栗丽编写；土木工程专业图中4.1-4.2部分由郑州工业应用技术学院李文霞编写，4.3部分由郑州工业应用技术学院贾静恩编写，4.4部分由郑州工业应用技术学院秦春丽编写。另外，河南工程学院土木工程焦晓、刘山、吕高峰等也参与了部分编写工作。同时，也得到了本习题主审的指导，在编写过程中，参考了许多专家、学者相关书籍和资料，谨此表示谢意！

由于编写时间紧迫，本习题集难免有不妥之处，欢迎读者指正。

编 者

目 录

1 绪论 1
2 画法几何 2
3 制图基础 34
4 土木工程专业图 42
5 土木工程计算机制图 58

1 绪 论

1 绪 论	班级	姓名	学号	成绩

1. 填空题（请用7号长仿宋体字）。
(1) 本课程是土木工程类专业的一门_____课，它主要研究解决_____和_____，以及绘制、阅读土木_____的理论和方法。
(2) 工程图样是工程技术人员表达_____、_____的重要工具，是技术人员_____的重要依据，被工程界喻称为"_____"。
(3) 本课程包括：_____、_____、_____、_____等四部分。
(4) 假设光线能够_____将物体上所有_____都反映在_____上，这样的影子能够反映出物体的原有空间形状称为物体的_____。
(5) 产生投影必须具备_____、_____、_____，三者缺一不可，也称为投影的三要素。
(6) 投影可分为_____和_____两大类。_____投影又分为_____投影和_____投影。
(7) 正投影的特性有_____、_____、_____、_____、_____。
(8) 工程中常用的投影图有_____、_____、_____、_____。

2. 简答题（请用7号长仿宋体字）。
(1) 左图分别为工程中常用的什么图？并简述其优缺点。

(2) 简述标高投影的形成。

1)_____   2)_____

2 画法几何

| 2.1 点的投影特性（一） | 班级 | 姓名 | 学号 | 成绩 |

1．求形体的W面投影，并把A、B、C、D各点标注到投影图上的相应位置。

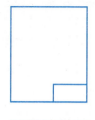 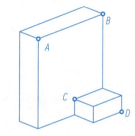

2．已知各点的两面投影，求第三面投影，并填表（在空间就写"空间"，在投影面和投影轴上具体指出投影面和投影轴）。

（1） 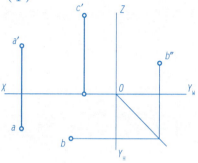 （2）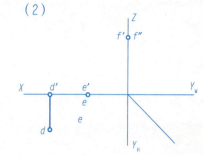

点 位置	A	B	C	D	E	F
在空间						
在投影面上						
在投影轴上						

3．比较A、B两点的相对位置。

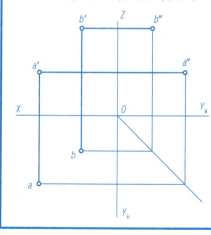

点___在左，点___在右，
点___在前，在___在后，
在___在上，点___在下。

4．根据A、B、C、D各点的直观图，画出其投影图，并在表格内填写各点到投影的距离。

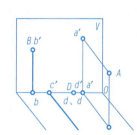

点名	距V面（单位）	距H面（单位）	所在位置
A			
B			
C			
D			

| 2.1 点的投影特性（二） | 班级 | 姓名 | 学号 | 成绩 |

5. 补出A、B、C、D各点的侧面投影，并明重影点的可见性。

6. 已知形体的立体图和投影图，试把A、B、C、D、E各点标到投影图上的相应位置，并把重影点处不可见点的投影加上括号。

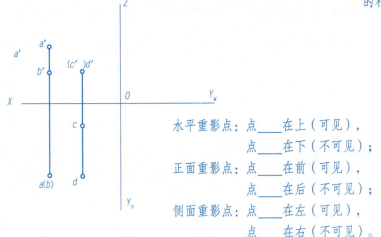

水平重影点：点____在上（可见），
　　　　　　　点____在下（不可见）；

正面重影点：点____在前（可见），
　　　　　　　点____在后（不可见）；

侧面重影点：点____在左（可见），
　　　　　　　点____在右（不可见）。

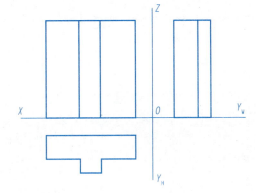

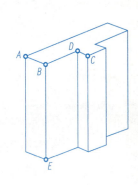

7. 求形体的第三投影，并判断重影点的可见性。

8. 求形体的第三投影，并判断重影点的可见性。

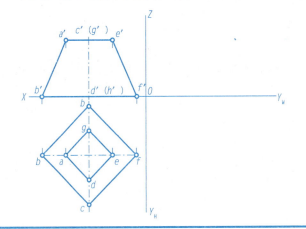

| 2.2 直线的投影特性（一） | 班级 | 姓名 | 学号 | 成绩 |

1. 补出各线段的第三面投影，并标明其对投影面的相对位置。

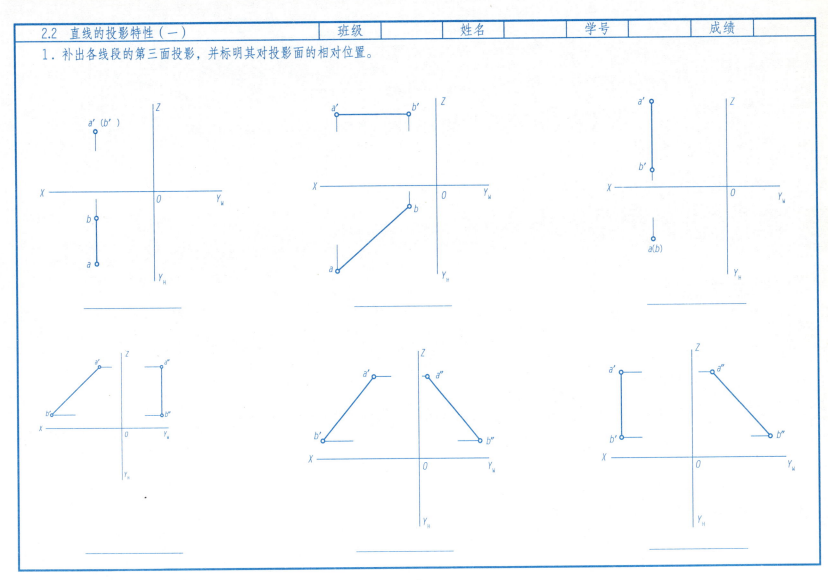

| 2.2 直线的投影特性(二) | 班级 | 姓名 | 学号 | 成绩 |

2. 求作六棱台的W面投影，并在表格内填上各棱线与投影面的相对位置。

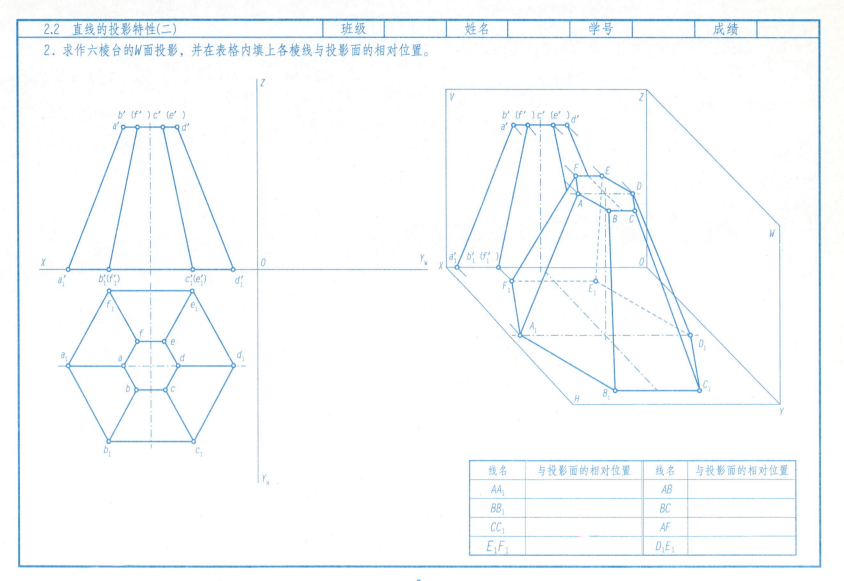

线名	与投影面的相对位置	线名	与投影面的相对位置
AA_1		AB	
BB_1		BC	
CC_1		AF	
E_1F_1		D_1E_1	

| 2.2 直线的投影特性（三） | 班级 | 姓名 | 学号 | 成绩 |

3. 已知线段AB上点K的水平投影k，求K点的V面投影。

4. 已知CD在H面上，β=30°，CD=30，C点的坐标为（10，10，0），求cd、c'd'、c"d"。

5. 已知CD//V面，且距V面20mm，求作cd。

6. 已知AB和CD相交于B点，且B分线段的比为CB：BD=2：3，求作直线AB的两面投影。

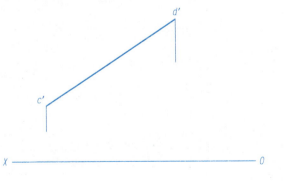
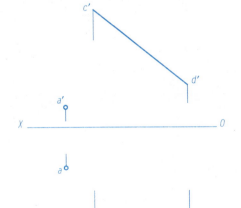

| 2.2 直线的投影特性（四） | 班级 | 姓名 | 学号 | 成绩 |

7. 判断下列各直线的相对位置（平行、相交、交叉）。

(1)

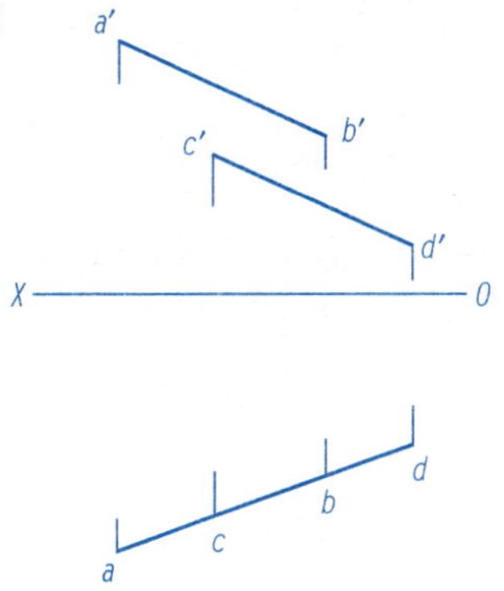

(2)

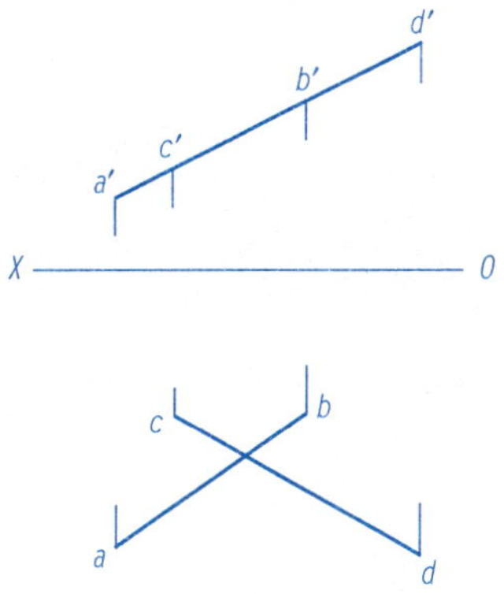

(3)

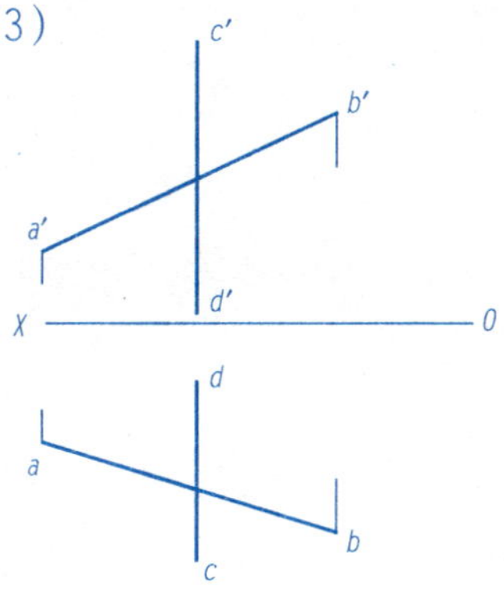

(4)

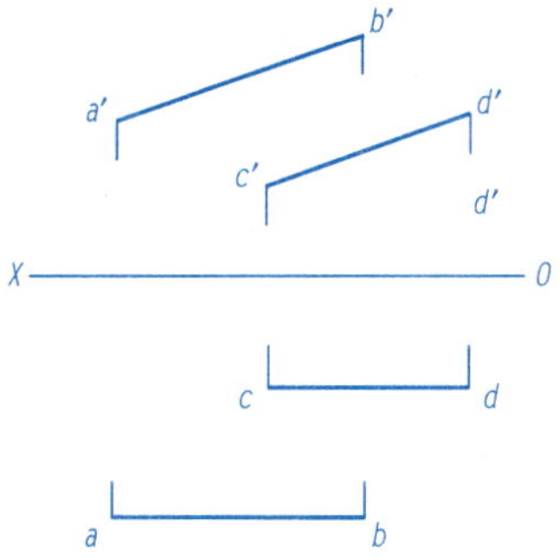

(5)

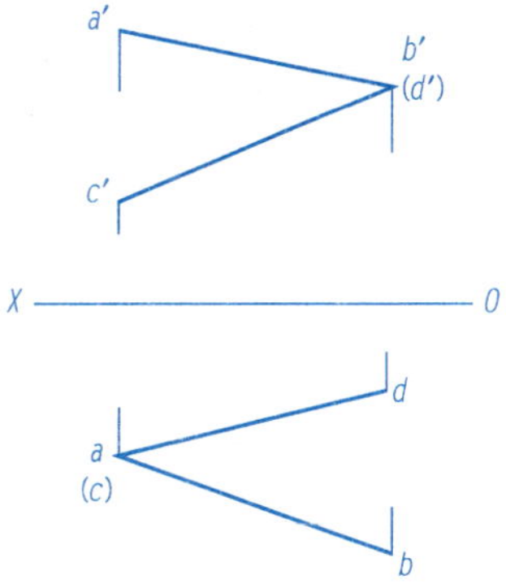

(6)

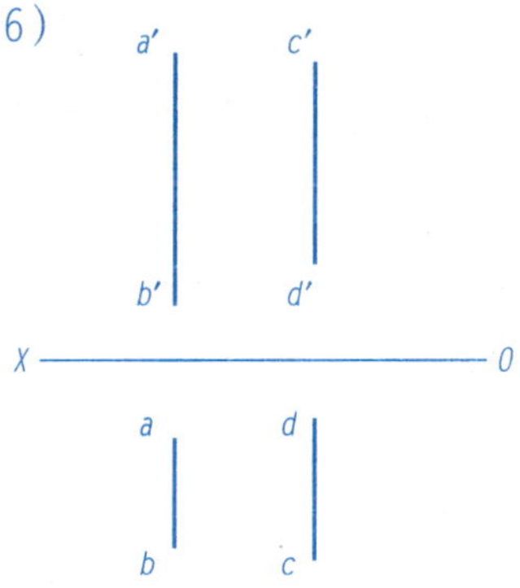

| 2.2 直线的投影特性（五） | 班级 | 姓名 | 学号 | 成绩 |

8. 过点A作直线AB∥EF，并判断直线AB与CD是否相交。

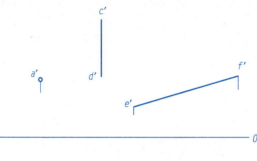

9. 过点A作直线与直线CD垂直相交，并求点A到直线CD的距离。

（1）　　　　　　　　（2）

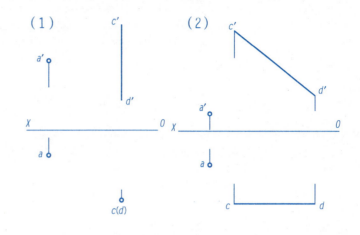

10. 求作直线MN，使得MN∥AB，且与CD、EF相交。

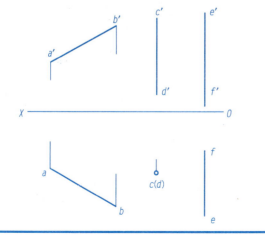

11. 在直线AB上求一点C，使点C与V、H面等距。

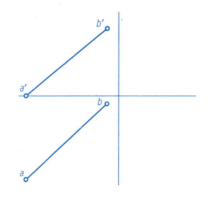

| 2.2　直线的投影特性（六） | 班级 | 姓名 | 学号 | 成绩 |

12. 求直线AB上点C的投影，使AC＝20，并求AB的W面投影及α和β的实形。

13. 已知直线AL的投影和直线上AB线段的实长，求b、b′。

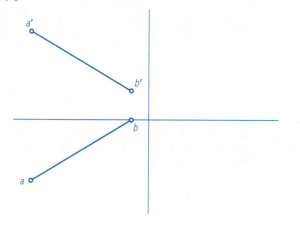
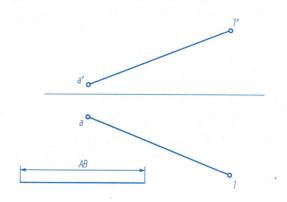

14. 判别两交叉直线重影点的可见性。

15. 通过点E作一直线与两交叉线AB、CD相交。

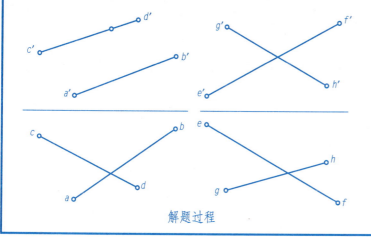
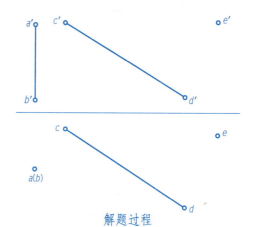

解题过程　　　　　　　　　　　　　　　　解题过程

- 9 -

2.3 平面的投影特性（一）

1. 在投影图中，标出立体图上指定平面的三面投影，并写出它们各属于何种类型的平面。

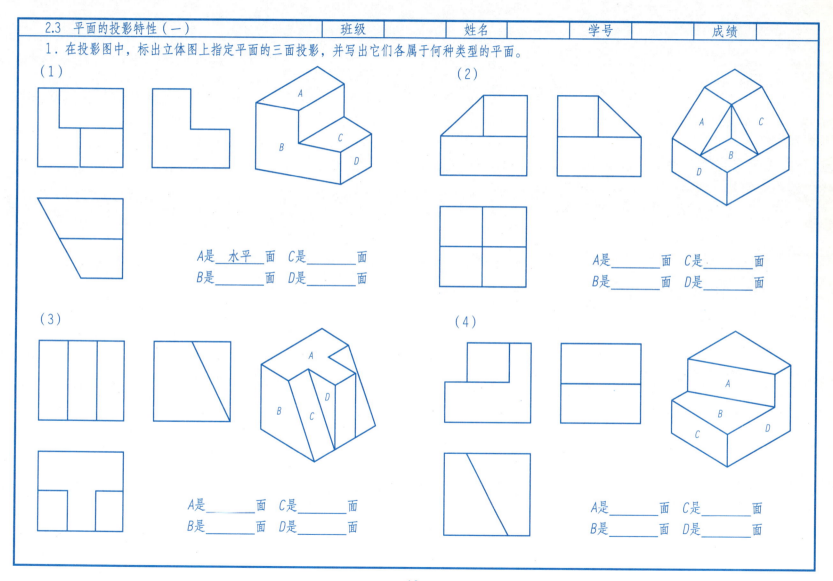

(1) A是 水平 面　C是____面
　　B是____面　D是____面

(2) A是____面　C是____面
　　B是____面　D是____面

(3) A是____面　C是____面
　　B是____面　D是____面

(4) A是____面　C是____面
　　B是____面　D是____面

2.3 平面的投影特性（二）

2. 作出平面图形的第三面投影，并指出平面对于投影面的相对位置。

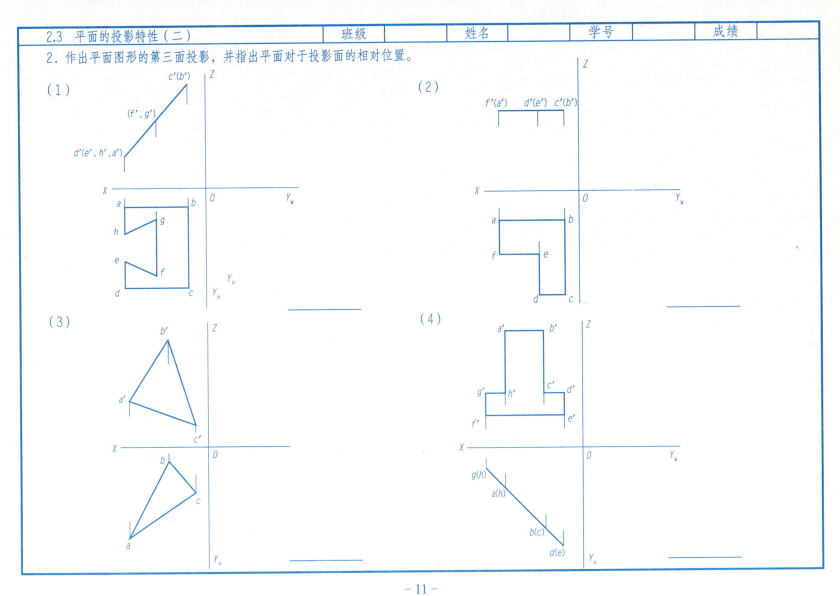

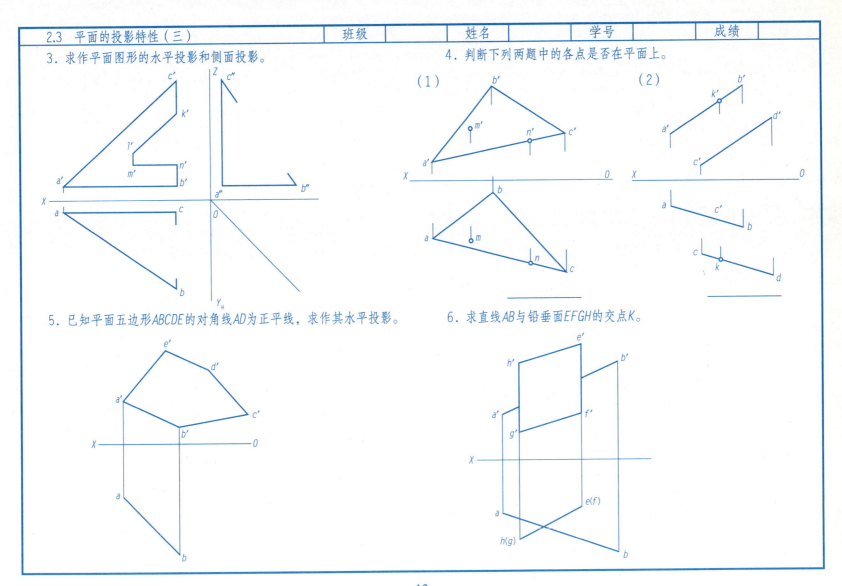

2.3 平面的投影特性（四）　　班级　　　姓名　　　学号　　　成绩

7. 求作正垂面DEFG与平面△ABC的交线MN。

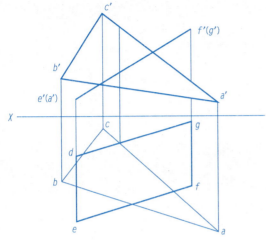

8. 求直线MN与△ABC的交点K。

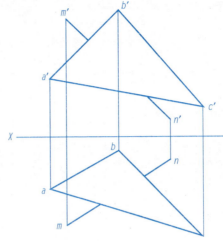

9. 在△ABC上求一点K，让K在C之前15，让K在C之下10。

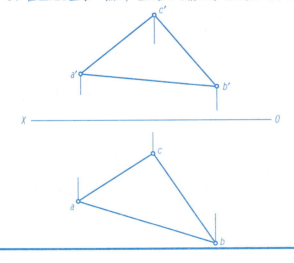

10. 在△ABC上取一条线，使该直线上的点到H面、V面的距离相等。

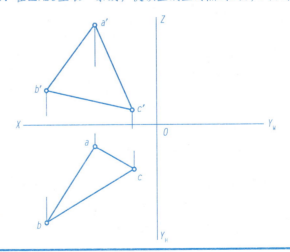

| 2.3 平面的投影特性（五） | 班级 | 姓名 | 学号 | 成绩 |

11. 判断下列直线与平面、平面与平面是否平行。

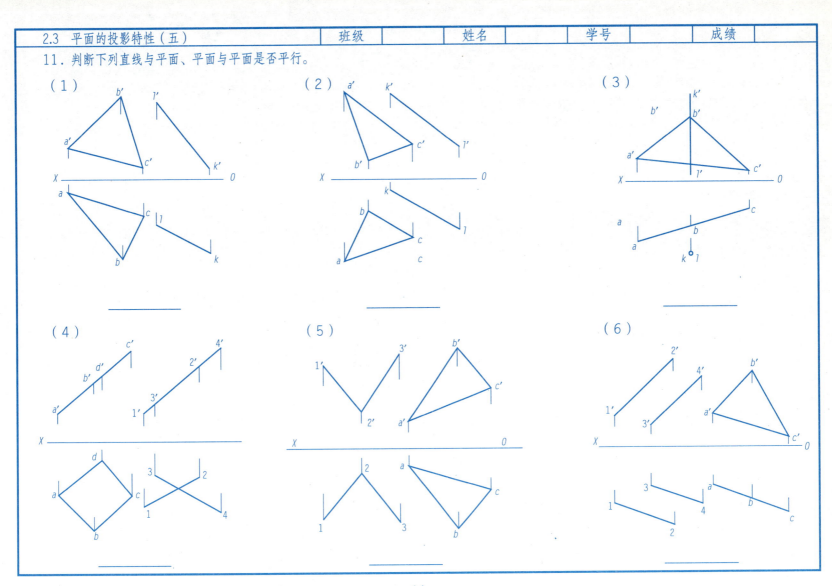

| 2.3 平面的投影特性（六） | 班级 | 姓名 | 学号 | 成绩 |

12. 判明下面列出的立体表面是否互相平行。

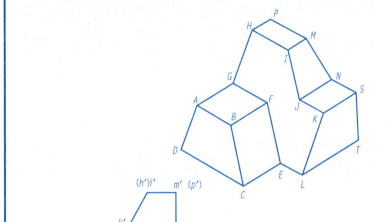

13. 已知平面ABC与平面DEFG互相平行，求平面DEFG的水平投影。

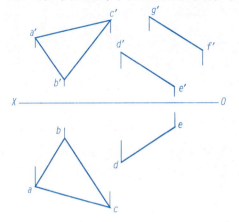

14. 求作平面与平面的交线KL，并区别其可见性。

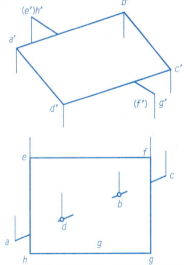

| 2.4 投影变换 | 班级 | 姓名 | 学号 | 成绩 |

1. 求点A和B在V_1面上的辅助投影。

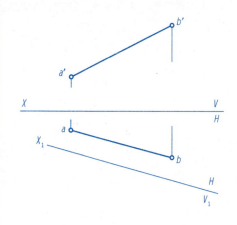

2. 求点△ABC在V_1面上的辅助投影。

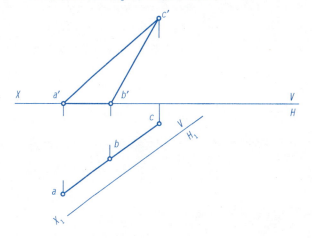

3. 求△ABC在V_1面上的辅助投影。

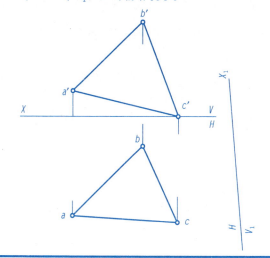

4. 已知等腰三角形ABC的两面投影，其中BC为底边，求作其水平投影。

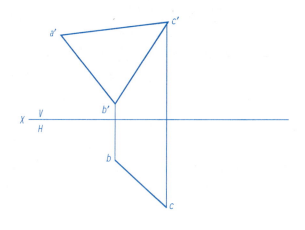

| 2.5 平面立体（一） | 班级 | 姓名 | 学号 | 成绩 |

1. 补出平面立体的侧面投影，并作出表面上A、B两点所缺的投影。

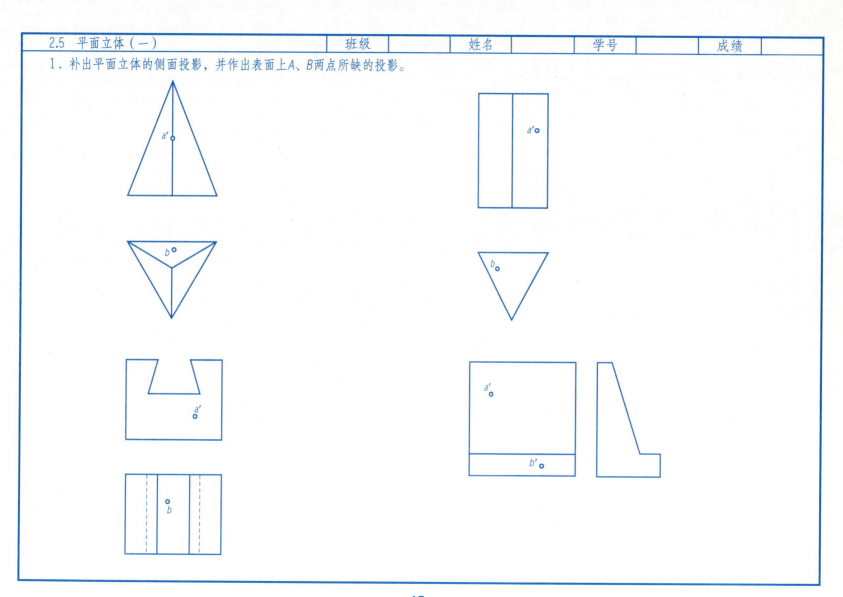

| 2.5 平面立体（二） | 班级 | 姓名 | 学号 | 成绩 |

2. 求直线与平面立体的贯穿点。

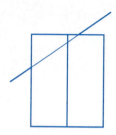

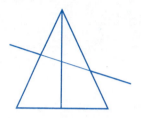

3. 作出平面P与三棱锥的截交线。

4. 作出平面P与T形梁的截交线。

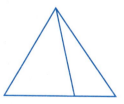

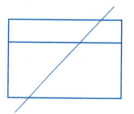

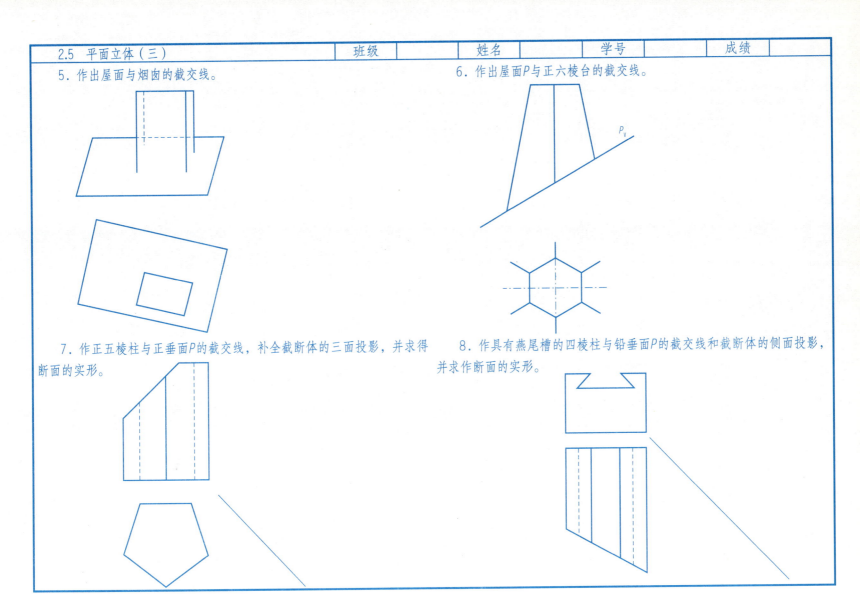

| 2.5 平面立体（四） | | 班级 | | 姓名 | | 学号 | | 成绩 | |

9. 求小房与门斗及烟囱与屋顶的相贯线。

10. 绘制带切口的三棱台的投影图。

| 2.5 两平面立体（五） | 班级 | 姓名 | 学号 | 成绩 |

11. 求四棱柱与四棱锥的表面交线。

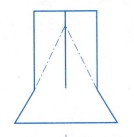

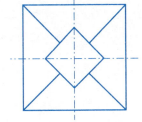

12. 求四棱锥与三棱柱的表面交线。

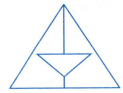 

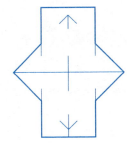

| 2.6 曲面与曲面立体投影（一） | 班级 | 姓名 | 学号 | 成绩 |

1. 补出曲面立体的侧面投影，并补全表面上A、B、C三点的投影。

| 2.6 曲面与曲面立体投影（二） | 班级 | 姓名 | 学号 | 成绩 |

2. 补出球面的侧面投影，并补全表面上A、B、C、D四点的投影。

3. 补出环面的侧面投影，并补全表面上A、B、C三点的投影。

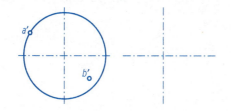

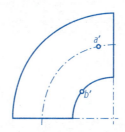

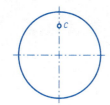

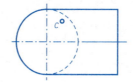

| 2.6　曲面与曲面立体投影（三） | 班级 | 姓名 | 学号 | 成绩 |

4. 求直线与曲面立体的贯穿点，并判别可见性。

2.6 曲面与曲面立体投影（四）		班级		姓名		学号		成绩	

5. 求作P平面和圆锥面的截交线。

6. 求作Q平面和圆锥面的截交线。

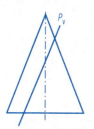 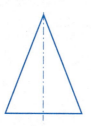  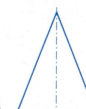

 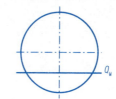

| 2.6 曲面与曲面立体投影（五） | 班级 | 姓名 | 学号 | 成绩 |

7. 求作P平面和圆柱面的截交线。

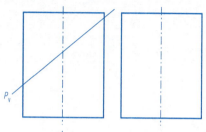

8. 求作Q平面和球面的截交线。

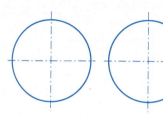

9. 补出圆柱切割体的侧面投影。

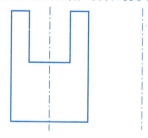

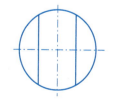

10. 补出圆柱切口体的侧面投影

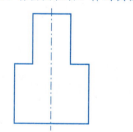

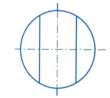

2.7 轴测投影（一） 班级 姓名 学号 成绩

1. 画出下列形体的正等测图。

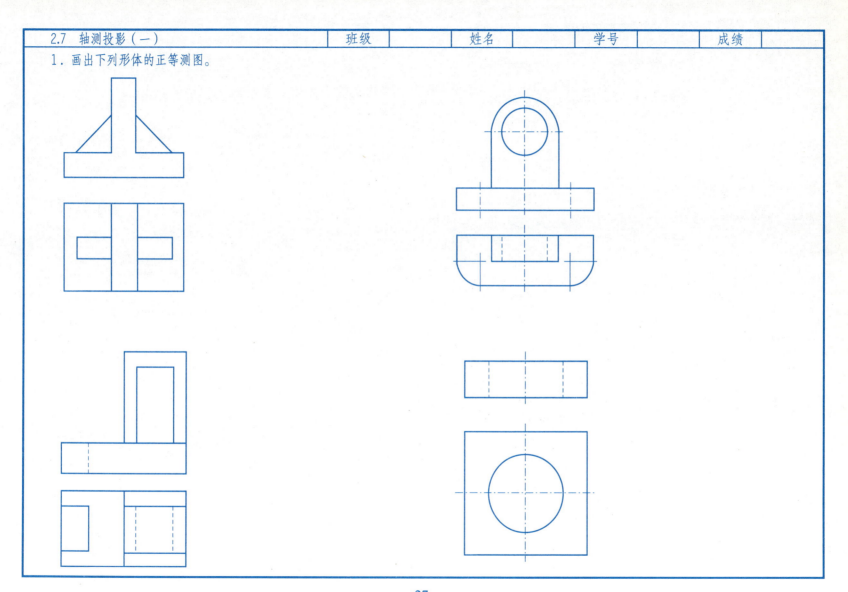

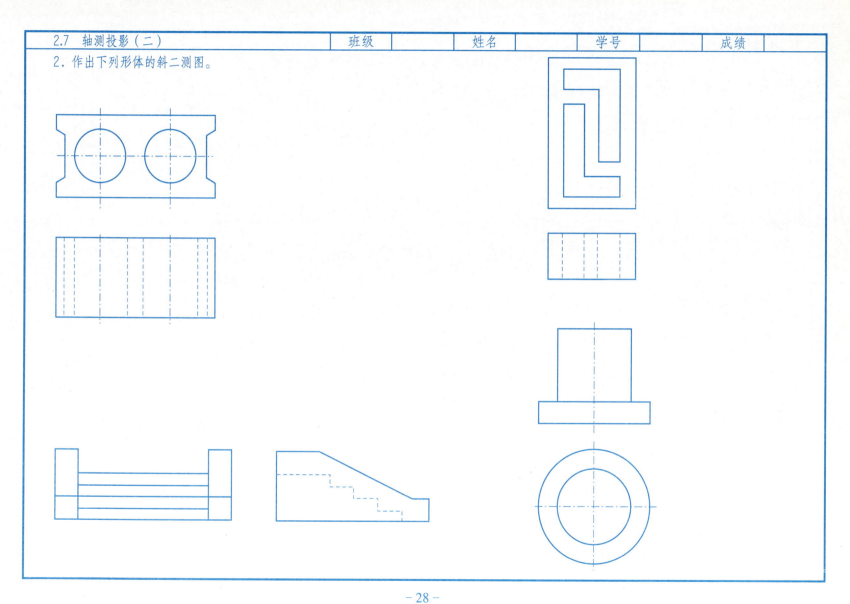

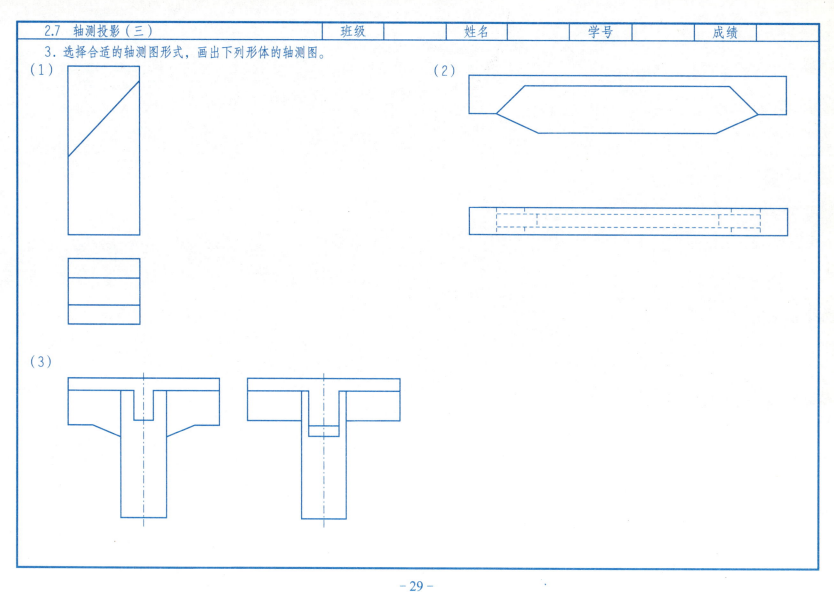

| 2.8 标高投影（一） | 班级 | 姓名 | 学号 | 成绩 |

1. 求直线的坡度、平距及整数标高点。

2. 求直线上点C的标高。

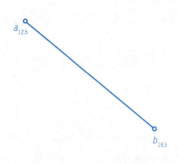
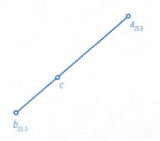

3. 分别作出平面P、Q的等高线。

4. 已知平面上的直线AB和平面的坡度，求作该平面上的等高线和坡度比例尺。

| 2.8 标高投影（二） | 班级 | 姓名 | 学号 | 成绩 |

5. 求作两平面的交线。

6. 已知如图，设地面的标高为零，求作斜坡面的边坡与地面、边坡与边坡的交线。

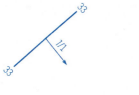

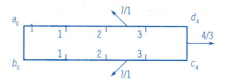

7. 已知两堤顶的标高和各边坡的坡度，地面标高为零，求作边坡与边坡、边坡与地面的交线。

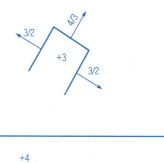

| 2.8 标高投影（三） | 班级 | 姓名 | 学号 | 成绩 |

8. 在河岸上土坝的连接处，作一圆锥面护坡，求作各边坡与边坡、边坡与河底的交线。

9. 有一水平道路与一倾斜圆弧形引道相接，路面标高为4，地面标高为0，求作各边坡、边坡与地面的交线。

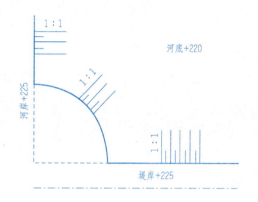

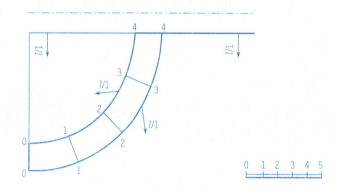

10. 求作直线AB与地面的交点。

11. 管道从A点到B点，作出管道与地面的交点的标高投影，并将管道投影画出，判断可见性。

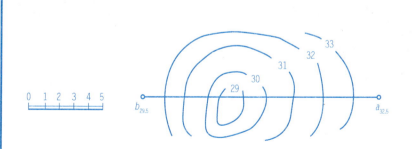

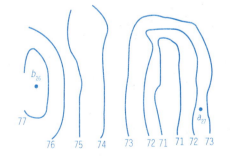

| 2.8 标高投影（四） | 班级 | 姓名 | 学号 | 成绩 |

12. 公路路面标高为48，挖方边坡坡度为1:1，填方边坡坡度为2:3，求公路边坡与地面的交线。

13. 在山坡上修建一水平广场，广场地面标高为52，广场平面形状如下图，挖方边坡坡度为1:1，填方边坡坡度为2:3，求作各边坡与边坡、边坡与地面的交线。

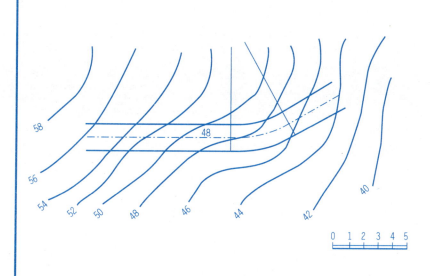

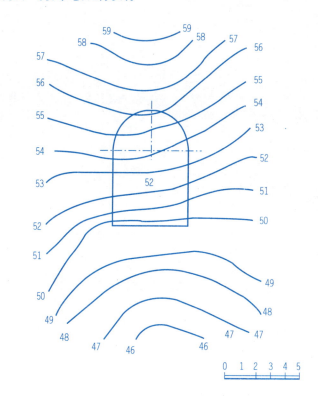

3 制图基础

| 3.1 制图的基本知识与基本技能（一） | 班级 | 姓名 | 学号 | 成绩 |

1. 请用长仿宋体（7号字）填空。
(1) 通过本节的学习，了解到了_____、_____、_____、_____、_____、_____等绘图工具和仪器。
(2) 图纸幅面有_____种，其中_____图纸最大，_____图纸最小。最常用的是_____图纸，其图纸幅面尺寸为_____。
(3) 图样的线型和线宽按规定的用途选用。图样中的一个线宽组有_____：_____：_____的线宽比。
(4) 在同一张图纸内，相同比例的各图样应选用相同的_____；虚线与虚线或其他图线交接时，应是_____；虚线为实线的延长线时，_____。
(5) 点画线或双点画线的两端，不应是_____；点画线与点画线或其他图线交接时，应是_____。
(6) 图样中的汉字，应采用_____，常用的是_____号字；当字母与数字和汉字并列书写时，它们的字高比汉字_____。
(7) 图样上的尺寸，由_____、_____、_____、_____四部分组成；标在图样上的尺寸数字与绘图所选用的比例_____。
(8) 几何作图中椭圆的作法常用有三种，分别为：_____、_____、_____。

2. 作正多边形和椭圆。

（1）作外接圆直径为50 mm的正六边形。　　（2）作外接圆直径为50 mm的正七边形。 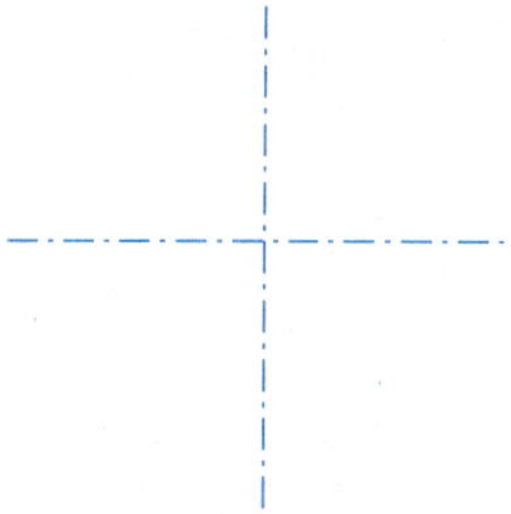　　（3）用四心圆法作水平放置的长轴为50 mm，短轴为35 mm的近似椭圆。

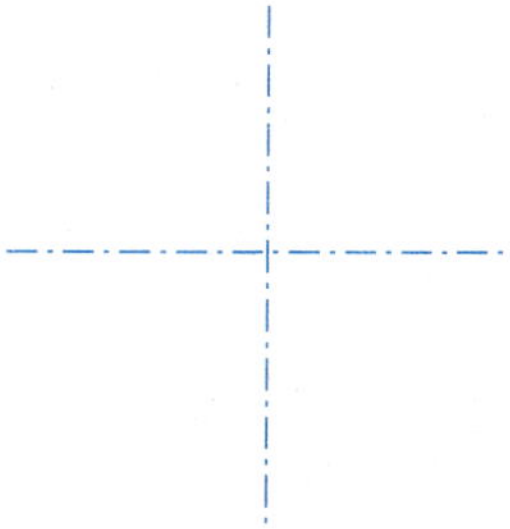

3. 已知两线段，一线段和一圆弧段，要求以半径R=12 mm的圆弧分别光滑地将它们连接，并用M、N标明它们的切点。

(1)　　(2) 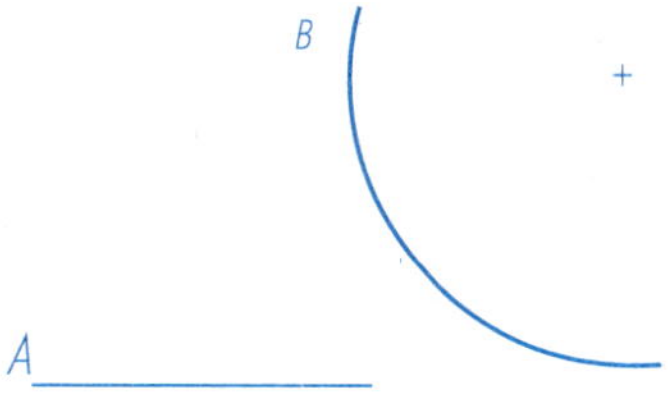　　(3)

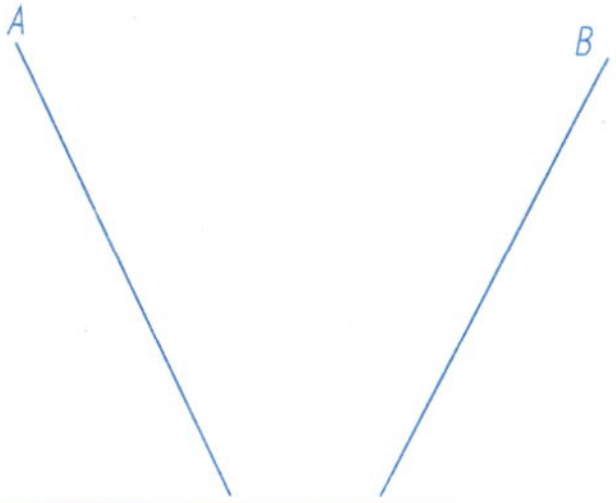

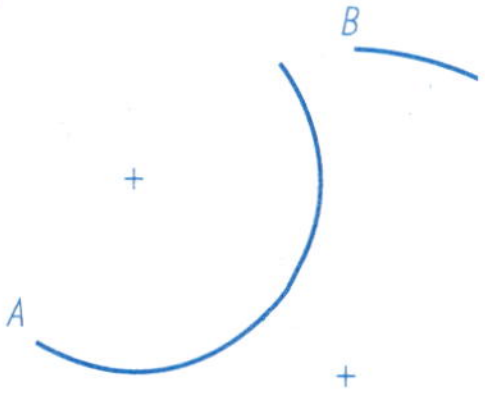

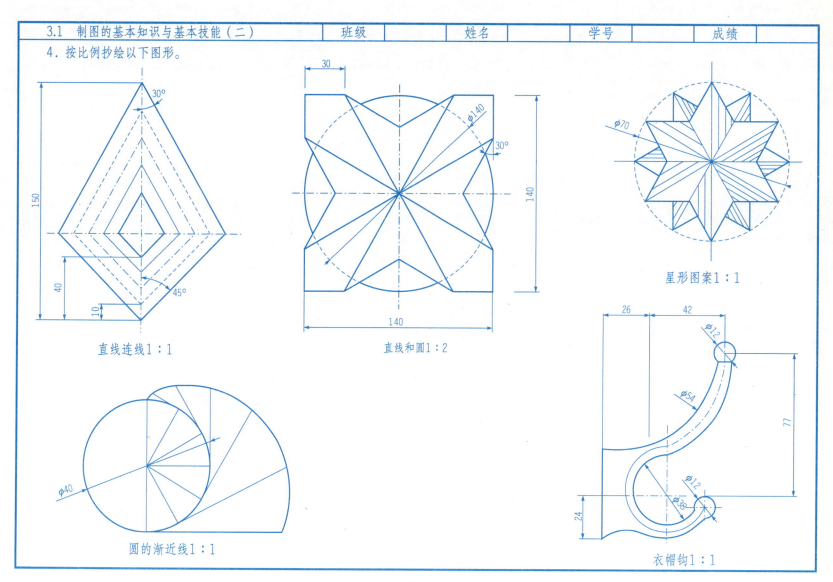

3.2 组合体投影图的画法、尺寸标注（一）　　班级　　　姓名　　　学号　　　成绩

1. 由组合体的轴测图画三面投影图（尺寸在轴测图上按轴线方向1∶1量取）。

(1)

(2)

(3)

(4)

3.2 组合体投影图的画法、尺寸标注（二） 班级 姓名 学号 成绩

1. 三视图补线。

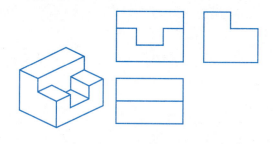
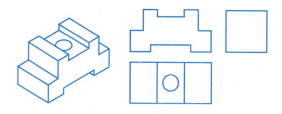
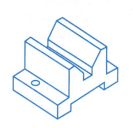
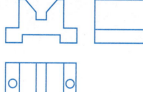
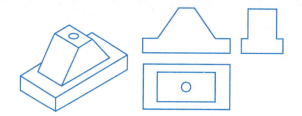

2. 找出以下图形中的错误并改正。

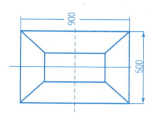
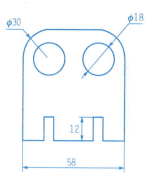

3.3 工程形体的表达方法（一）　　班级　　姓名　　学号　　成绩

1. 补画第三视图

(1)

(2)

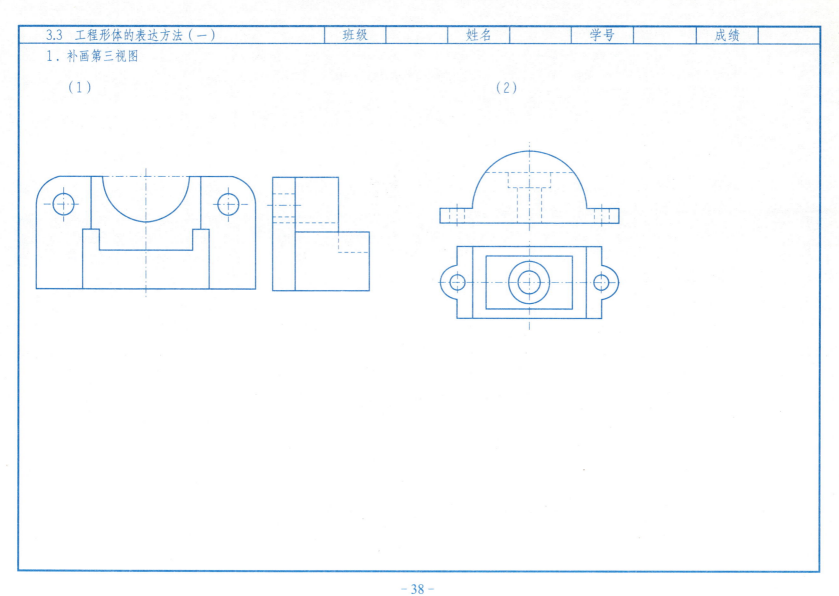

- 38 -

| 3.3 工程形体的表达方法（二） | 班级 | 姓名 | 学号 | 成绩 |

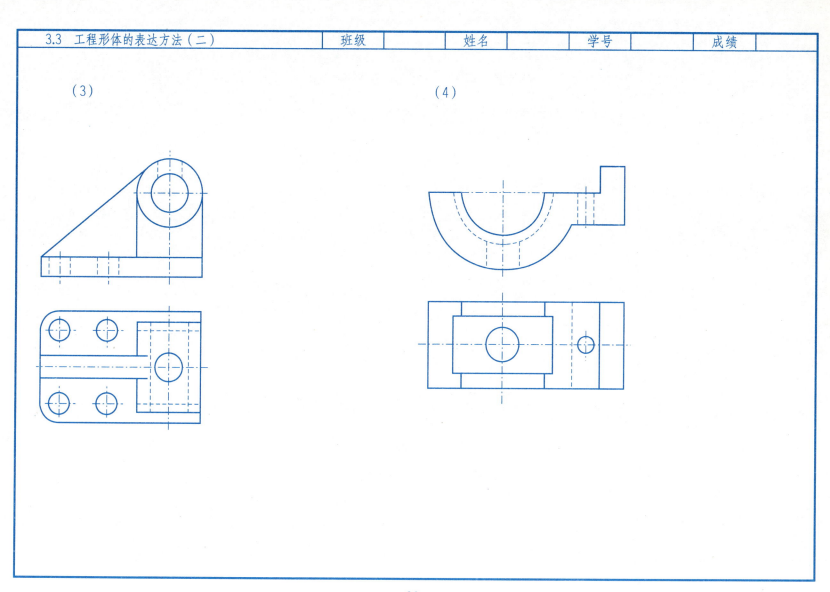

(3) (4)

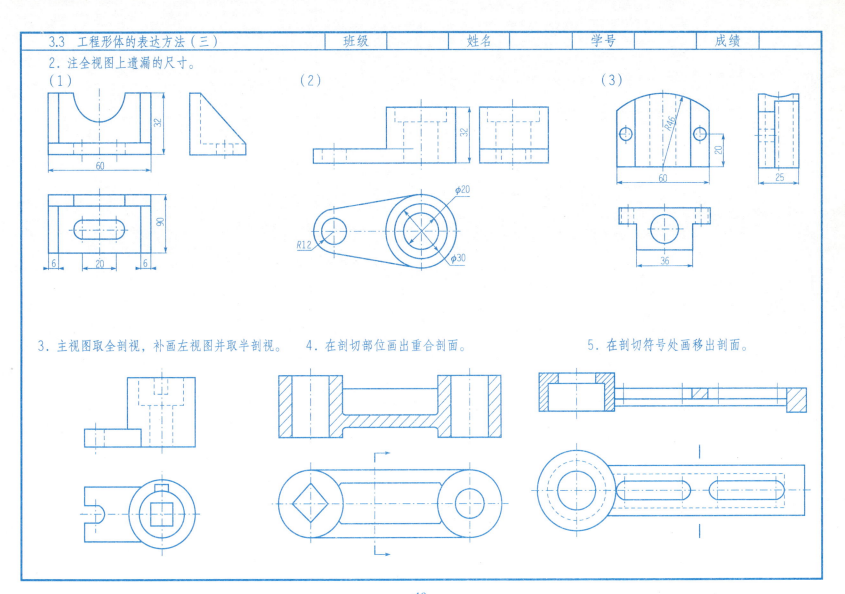

| 3.3 工程形体的表达方法（四） | 班级 | 姓名 | 学号 | 成绩 |

6. 在右边合适部位画出全剖视图。

7. 画出1—1剖面图。

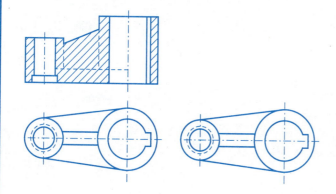

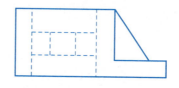

8. 画出1—1、2—2断面图。

9. 将主视图改画成全剖视图。

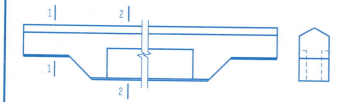

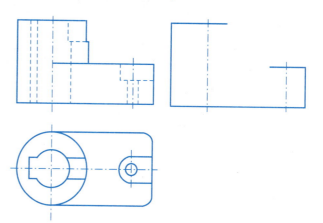

4 土木工程专业图

4.1 房屋建筑施工图（一）	班级	姓名	学号	成绩

抄图练习

目的：通过抄图加深学生对建筑施工图的识读和理解，让学生了解绘图规范，掌握绘图技巧，提高绘图技能。

要求：绘制铅笔图；采用A3图幅或教师选定；比例采用1:100或教师选定；绘图布局合理、图面干净整洁、字体符合要求、线型分明、符合国标要求。

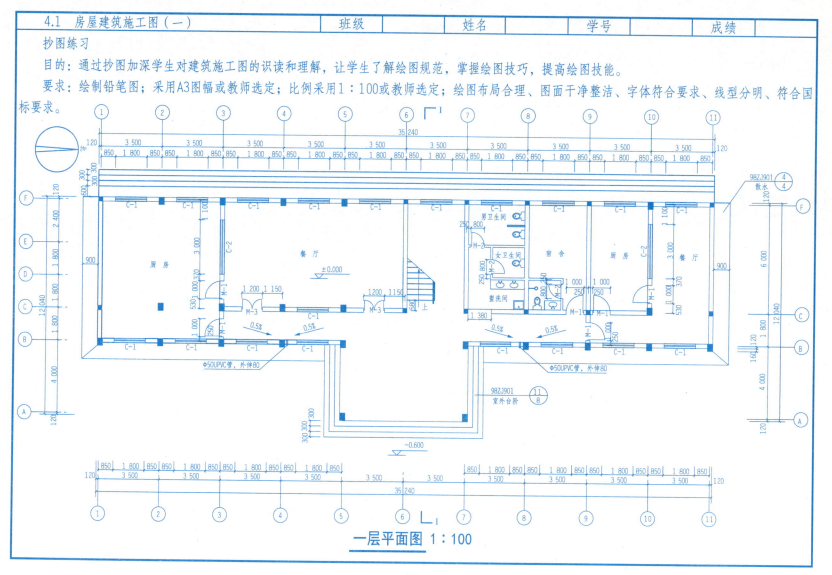

一层平面图 1:100

- 42 -

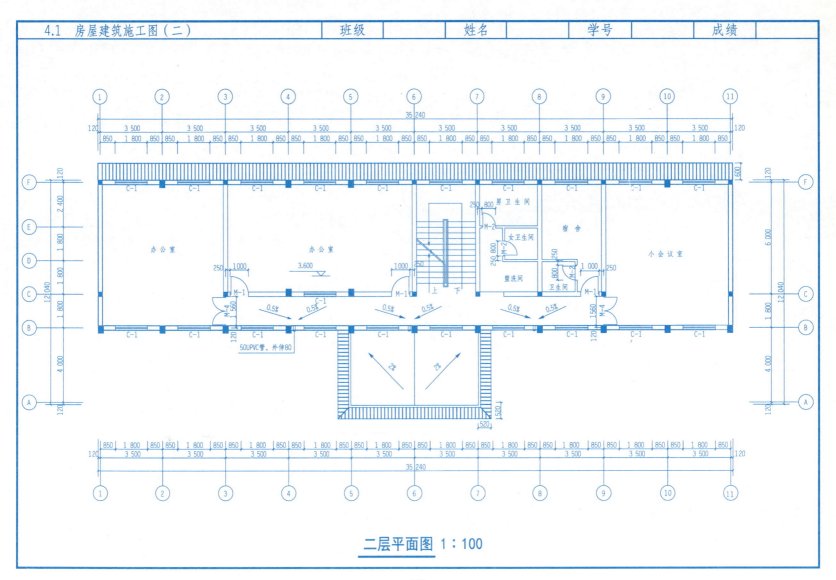

4.1 房屋建筑施工图（三）

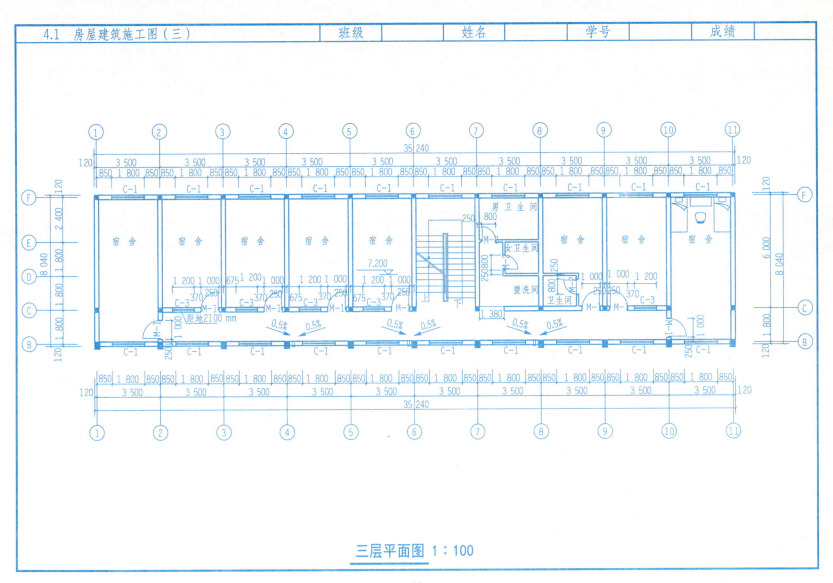

三层平面图 1:100

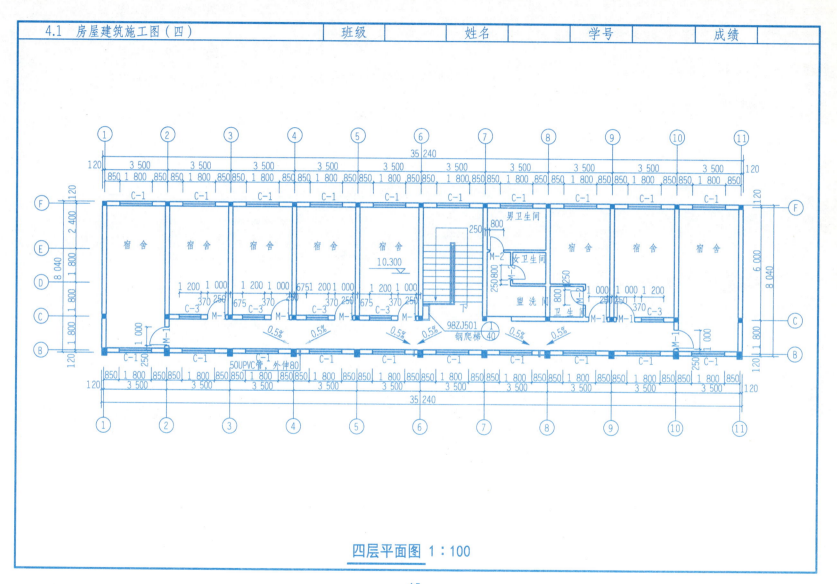

| 4.1 房屋建筑施工图（五） | 班级 | 姓名 | 学号 | 成绩 |

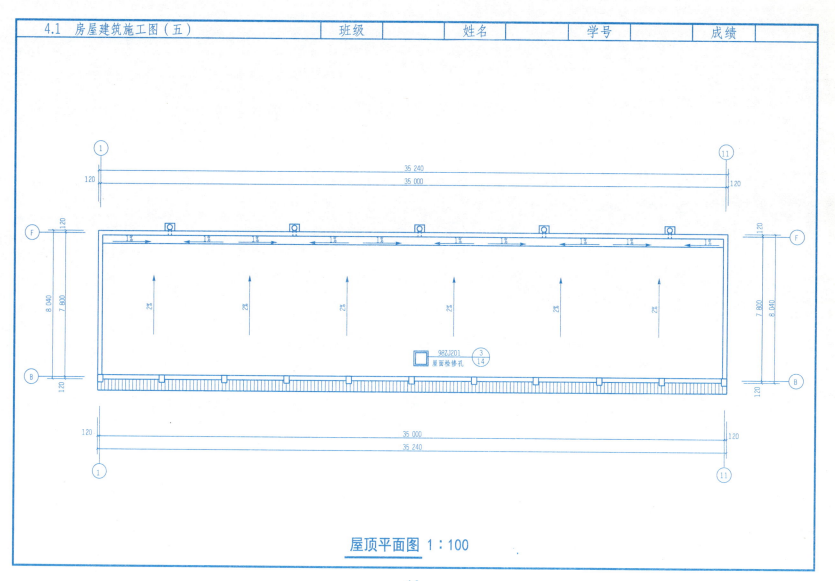

屋顶平面图 1∶100

4.1 房屋建筑施工图（六）

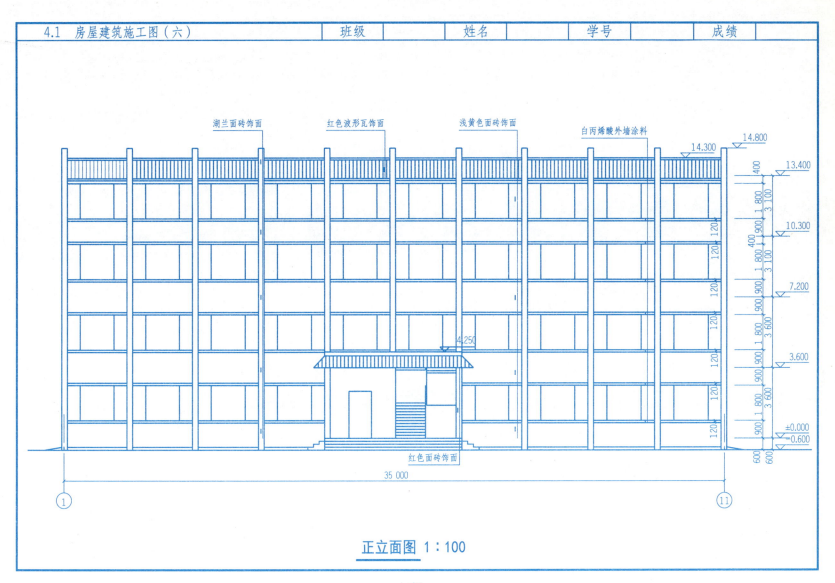

正立面图 1:100

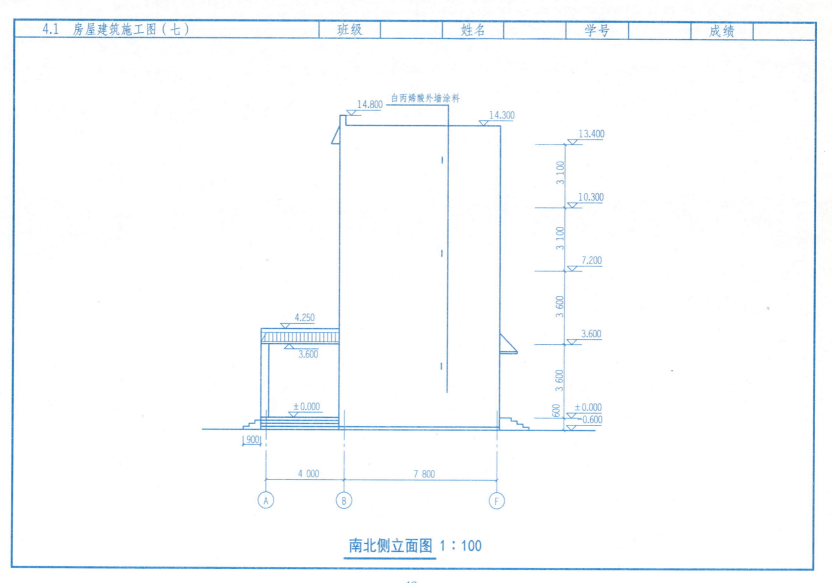

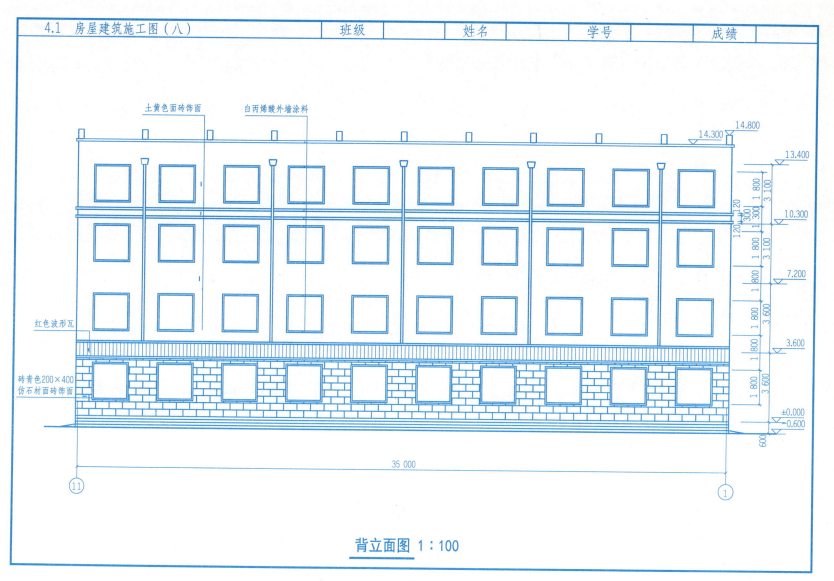

背立面图 1:100

4.1 房屋建筑施工图（九）

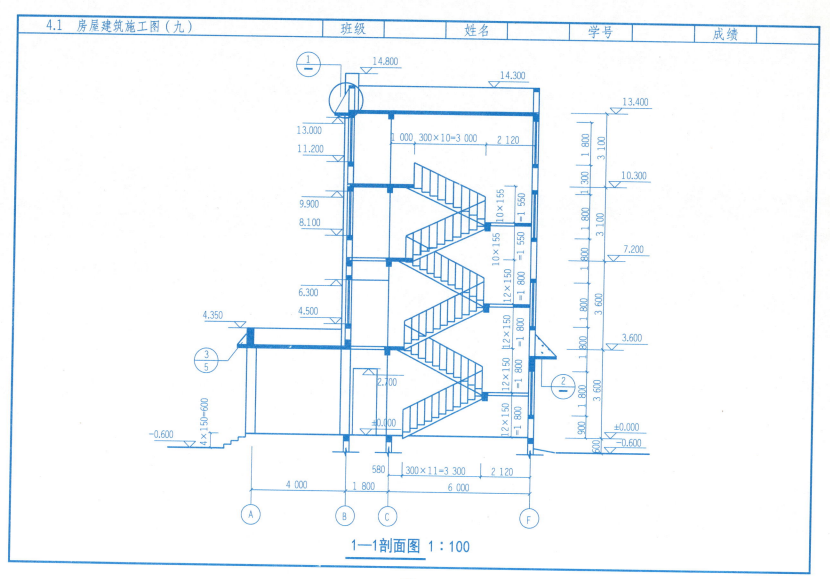

1—1剖面图 1∶100

4.1 房屋建筑施工图（十）

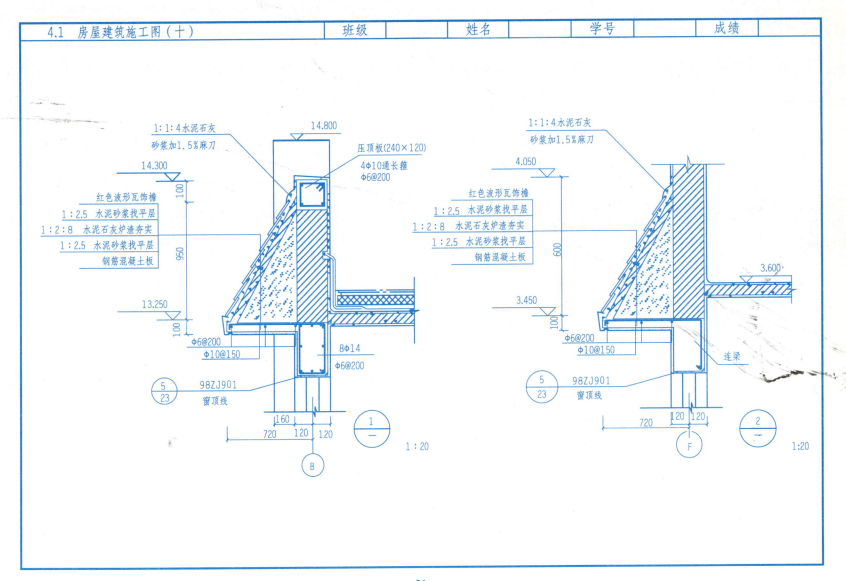

4.2 房屋结构施工图（一）

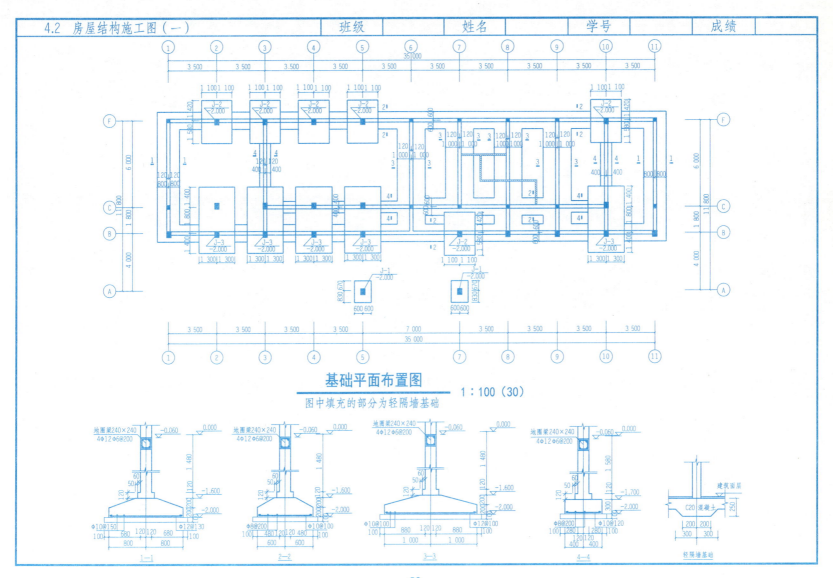

基础平面布置图 1:100 (30)

图中填充的部分为轻隔墙基础

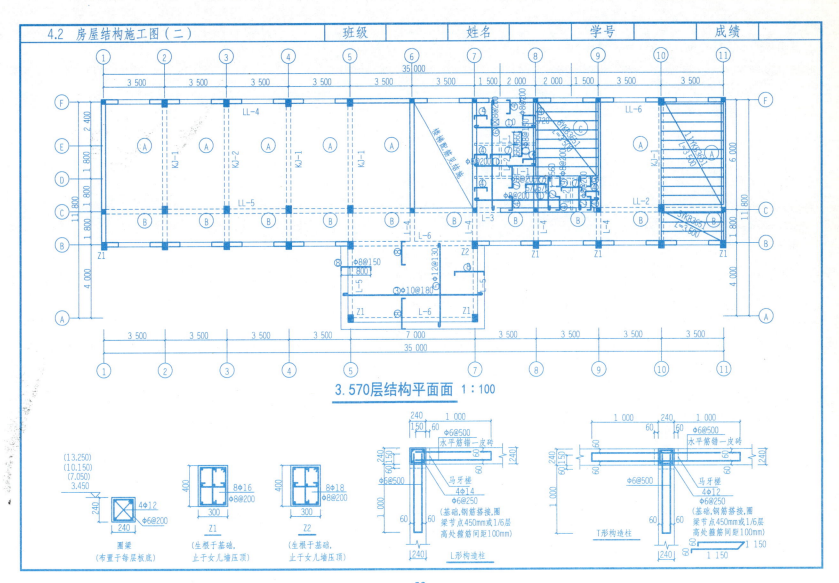

3.570层结构平面面 1:100

4.2 房屋结构施工图（三）

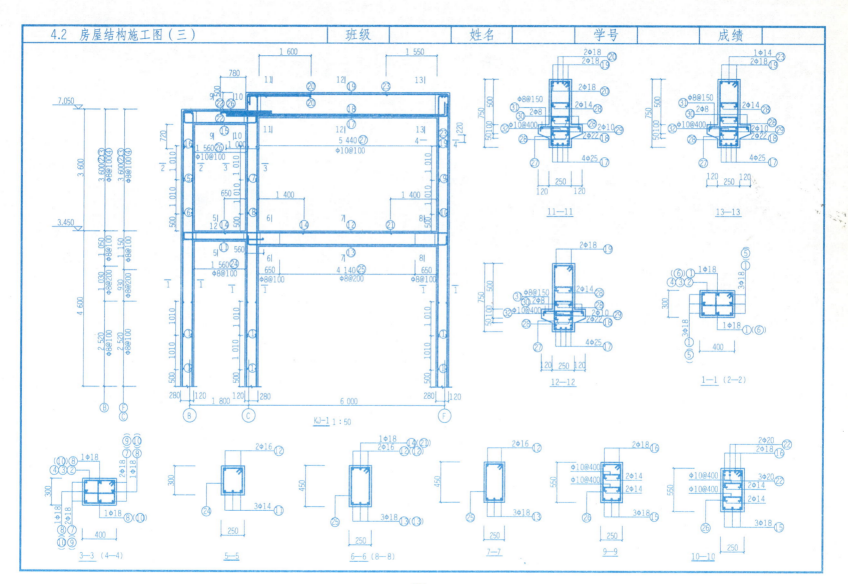

4.2 房屋结构施工图(四)

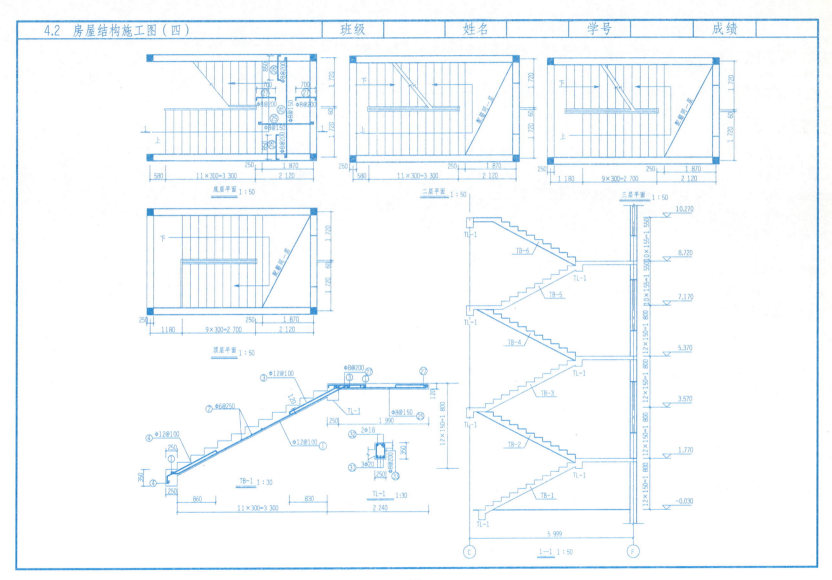

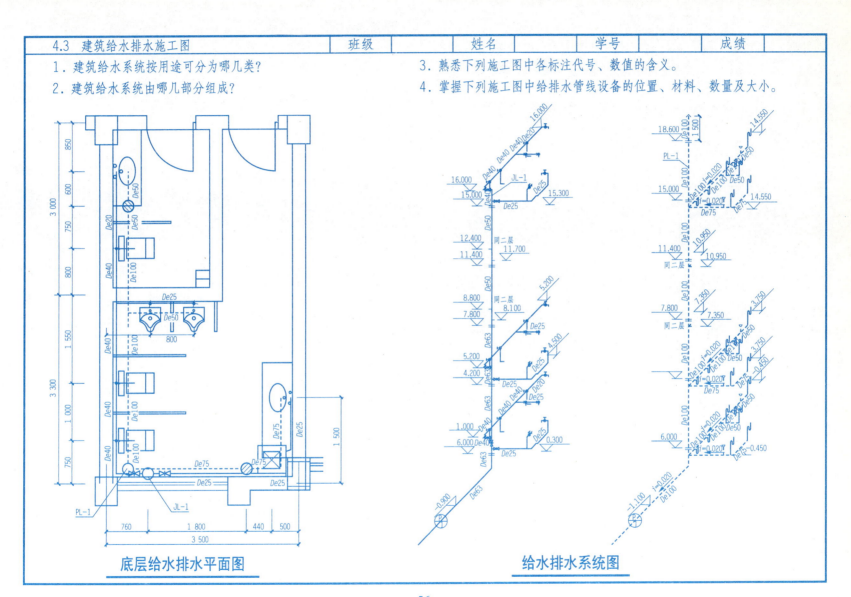

4.4 道路、桥梁、涵洞和隧道工程图		班级		姓名		学号		成绩	

1. 道路工程图有哪些组成部分？其表达的主要内容有哪些？
2. 道路纵断面图是怎么形成的？在纵断面图中表达的主要内容哪些？
3. 城市道路有哪些组成部分？请简单画出城市道路的组成图。
4. 桥梁有哪些组成部分？请画出桥梁的简单概貌图。
5. 请画出重力式桥墩图。
6. 请画出隧道净空断面图。

5 土木工程计算机制图

5.1 绘制和修改二维图形

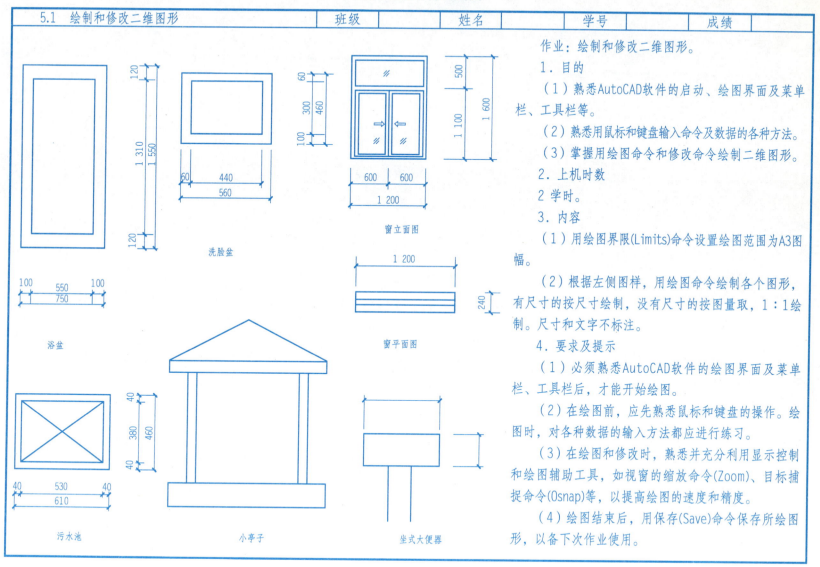

作业：绘制和修改二维图形。

1. 目的

（1）熟悉AutoCAD软件的启动、绘图界面及菜单栏、工具栏等。

（2）熟悉用鼠标和键盘输入命令及数据的各种方法。

（3）掌握用绘图命令和修改命令绘制二维图形。

2. 上机时数

2学时。

3. 内容

（1）用绘图界限(Limits)命令设置绘图范围为A3图幅。

（2）根据左侧图样，用绘图命令绘制各个图形，有尺寸的按尺寸绘制，没有尺寸的按图量取，1∶1绘制。尺寸和文字不标注。

4. 要求及提示

（1）必须熟悉AutoCAD软件的绘图界面及菜单栏、工具栏后，才能开始绘图。

（2）在绘图前，应先熟悉鼠标和键盘的操作。绘图时，对各种数据的输入方法都应进行练习。

（3）在绘图和修改时，熟悉并充分利用显示控制和绘图辅助工具，如视窗的缩放命令(Zoom)、目标捕捉命令(Osnap)等，以提高绘图的速度和精度。

（4）绘图结束后，用保存(Save)命令保存所绘图形，以备下次作业使用。

5.2 图层和图块操作　　班级　　姓名　　学号　　成绩

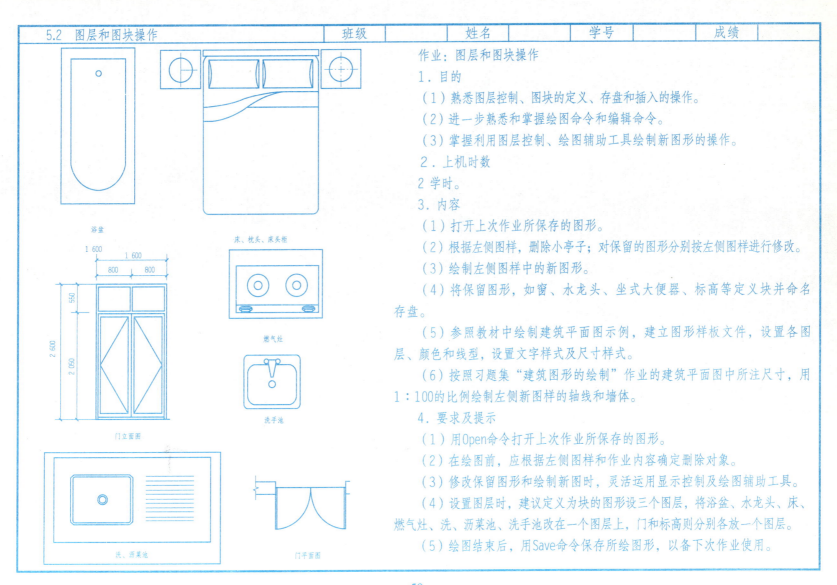

作业：图层和图块操作

1．目的

（1）熟悉图层控制、图块的定义、存盘和插入的操作。

（2）进一步熟悉和掌握绘图命令和编辑命令。

（3）掌握利用图层控制、绘图辅助工具绘制新图形的操作。

2．上机时数

2学时。

3．内容

（1）打开上次作业所保存的图形。

（2）根据左侧图样，删除小亭子；对保留的图形分别按左侧图样进行修改。

（3）绘制左侧图样中的新图形。

（4）将保留图形，如窗、水龙头、坐式大便器、标高等定义块并命名存盘。

（5）参照教材中绘制建筑平面图示例，建立图形样板文件，设置各图层、颜色和线型，设置文字样式及尺寸样式。

（6）按照习题集"建筑图形的绘制"作业的建筑平面图中所注尺寸，用1∶100的比例绘制左侧新图样的轴线和墙体。

4．要求及提示

（1）用Open命令打开上次作业所保存的图形。

（2）在绘图前，应根据左侧图样和作业内容确定删除对象。

（3）修改保留图形和绘制新图时，灵活运用显示控制及绘图辅助工具。

（4）设置图层时，建议定义为块的图形设三个图层，将浴盆、水龙头、床、燃气灶、洗、沥菜池、洗手池改在一个图层上，门和标高则分别各放一个图层。

（5）绘图结束后，用Save命令保存所绘图形，以备下次作业使用。

5.3 建筑图形的绘制（一）

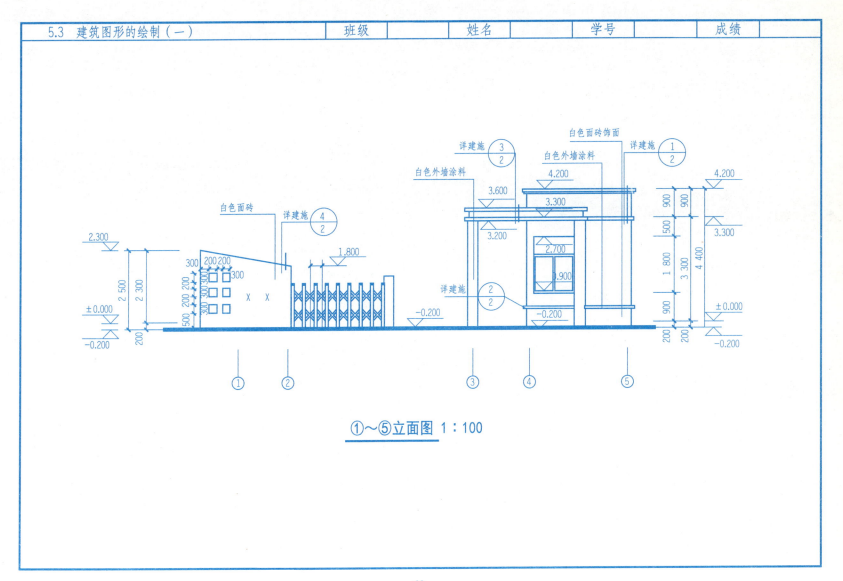

①～⑤立面图 1:100

| 5.3 建筑图形的绘制（二） | 班级 | 姓名 | 学号 | 成绩 |

作业：建筑图形的绘制

1. 目的
（1）熟悉并掌握图层及线型的设置和操作。
（2）熟悉并掌握尺寸标注的使用和操作。
（3）掌握文字的注写。
（4）熟悉建筑平面图的绘制步骤和方法。

2. 上机时数
2 学时。

3. 内容
（1）按A4立式绘制和注写图幅、图框和学生作业的标题栏。
（2）打开上次作业，保留绘制的轴线和墙体，删除其余图形。
（3）根据左侧图样，用所设置的图层，绘制门窗、柱等的投影，标注尺寸。
（4）插入标高符号，注写标高数字。
（5）绘制轴圈并注写轴线编号。
（6）注写图名。

4. 要求及提示
（1）按照左侧图样及制图标准规定的线型，用所设图层的线型，绘制建筑平面图的其余投影，比例为1∶1。
（2）插入洗脸盆和污水池时，可在插入时调整比例，也可插入后用Scale命令进行缩放。
（3）标注尺寸时，可利用辅助绘图工具准确定位。
（4）标注轴线时，可先画一个直径8 mm的圆，然后多次用Copy命令和辅助绘图工具进行拷贝。
（5）注写文字前，先设置文字样式。
（6）绘图结束后，用Save命令保存所绘图形。

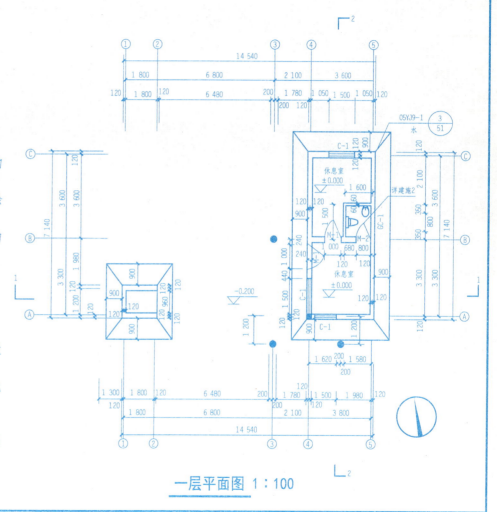

一层平面图 1∶100

| 5.4 三维实体的建模和编辑 | 班级 | 姓名 | 学号 | 成绩 |

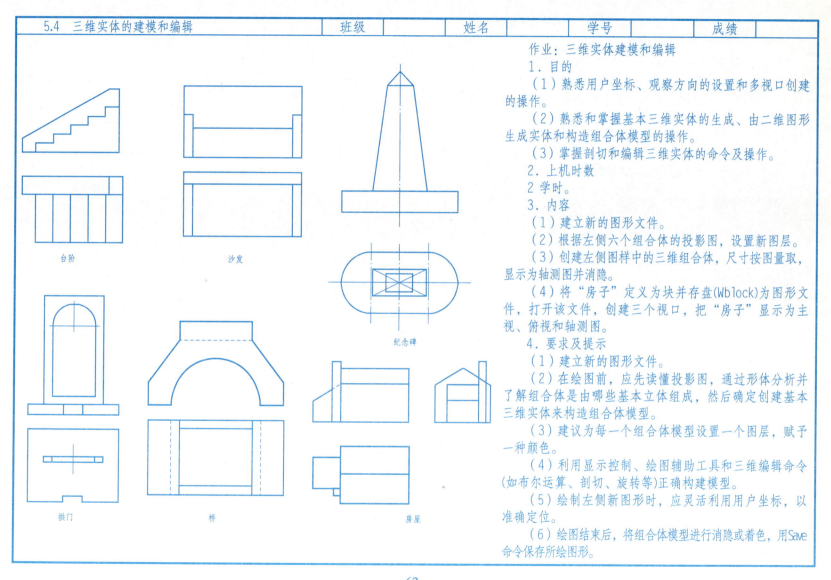

作业：三维实体建模和编辑

1. 目的
 (1) 熟悉用户坐标、观察方向的设置和多视口创建的操作。
 (2) 熟悉和掌握基本三维实体的生成、由二维图形生成实体和构造组合体模型的操作。
 (3) 掌握剖切和编辑三维实体的命令及操作。

2. 上机时数
 2 学时。

3. 内容
 (1) 建立新的图形文件。
 (2) 根据左侧六个组合体的投影图，设置新图层。
 (3) 创建左侧图样中的三维组合体，尺寸按图量取，显示为轴测图并消隐。
 (4) 将"房子"定义为块并存盘(Wblock)为图形文件，打开该文件，创建三个视口，把"房子"显示为主视、俯视和轴测图。

4. 要求及提示
 (1) 建立新的图形文件。
 (2) 在绘图前，应先读懂投影图，通过形体分析并了解组合体是由哪些基本立体组成，然后确定创建基本三维实体来构造组合体模型。
 (3) 建议为每一个组合体模型设置一个图层，赋予一种颜色。
 (4) 利用显示控制、绘图辅助工具和三维编辑命令(如布尔运算、剖切、旋转等)正确构建模型。
 (5) 绘制左侧新图形时，应灵活利用用户坐标，以准确定位。
 (6) 绘图结束后，将组合体模型进行消隐或着色，用Save命令保存所绘图形。